BEI GRIN MACHT SICH IHR WISSEN BEZAHLT

Anne Udelhoven

Beweis der Kettenregel

GRIN Verlag

Bibliografische Information der Deutschen Nationalbibliothek:

Die Deutsche Bibliothek verzeichnet diese Publikation in der Deutschen National-
bibliografie; detaillierte bibliografische Daten sind im Internet über http://dnb.d-
nb.de/ abrufbar.

Impressum:

Copyright © 2012 GRIN Verlag GmbH
Druck und Bindung: Books on Demand GmbH, Norderstedt Germany
ISBN: 978-3-656-55410-3

Dieses Buch bei GRIN:

http://www.grin.com/de/e-book/265639/beweis-der-kettenregel

GRIN - Your knowledge has value

Der GRIN Verlag publiziert seit 1998 wissenschaftliche Arbeiten von Studenten, Hochschullehrern und anderen Akademikern als eBook und gedrucktes Buch. Die Verlagswebsite www.grin.com ist die ideale Plattform zur Veröffentlichung von Hausarbeiten, Abschlussarbeiten, wissenschaftlichen Aufsätzen, Dissertationen und Fachbüchern.

Besuchen Sie uns im Internet:

http://www.grin.com/

http://www.facebook.com/grincom

http://www.twitter.com/grin_com

Der Beweis der Kettenregel

Verfasserin: Anne Udelhoven

1. Darstellung einer Funktion als Verkettung

Eine Funktion v sei an der Stelle x differenzierbar. Eine Funktion u sei an der Stelle z differenzierbar. Dabei gilt: $v(x) = z$. Die neue Funktion f heißt Verkettung von v und u: $f(x) = u[v(x)]$. Die Funktion v nennt man innere Funktion, die Funktion u die äußere Funktion.

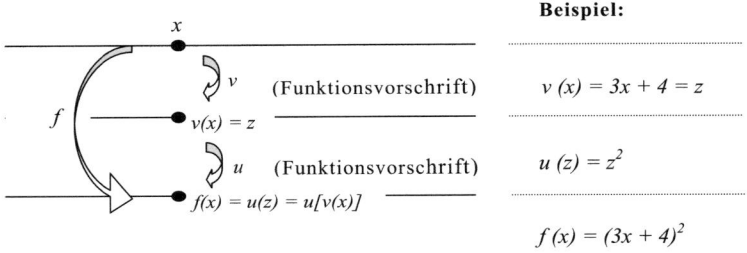

Beispiel:

x

v (Funktionsvorschrift) $v\,(x) = 3x + 4 = z$

f $v(x) = z$

u (Funktionsvorschrift) $u\,(z) = z^2$

$f(x) = u(z) = u[v(x)]$

$f\,(x) = (3x + 4)^2$

Abb. 1: Verkettung von Funktionen

2. Beweis der Kettenregel für streng monotone Funktionen

Eine Funktion v sei an der Stelle x_0 differenzierbar sowie eine Funktion u an der Stelle $v(x_0)$. Dann ist die Funktion f zu $f\,(x) = u[v(x)]$ differenzierbar an der Stelle x_0. Außerdem muss gelten: $D_f = D_{u(v)} \subseteq D_v$. Daraus folgt:

$$f'(x_0) = u'[v(x_0)] \cdot v'(x_0).$$

Beweis: Die Funktion f hat für $x = x_0$ den Differenzenquotienten[1]

$$\frac{f(x_o + h) - f(x_0)}{h} = \frac{u[v(x_0 + h)] - u[v(x_0)]}{h}.$$

Durch Erweiterung des Differenzenquotienten mit

$$k = v(x_0 + h) - v(x_0)$$

[1]   **[ScSc00]** Schmid, August; Schweizer, Wilhelm: Lambacher Schweizer Mathematik: Analysis, Leistungskurs, Gesamtausgabe. 1. Auflage. 1990. Seite 169.

wird erreicht, dass der Differenzenquotient von *v* an der Stelle x_0 und der Differenzenquotient von *u* an der Stelle $v(x_o)$ vorkommt:

$$\frac{f(x_o + h) - f(x_0)}{h} = \frac{u[v(x_0 + h)] - u[v(x_0)]}{h} = \frac{u[v(x_0 + h)] - u[v(x_0)]}{h} \cdot \frac{k}{k}$$

$$= \frac{u[v(x_0 + h)] - u[v(x_0)]}{h} \cdot \frac{v(x_0 + h) - v(x_0)}{v(x_0 + h) - v(x_0)}$$

$$= \frac{u[v(x_0 + h)] - u[v(x_0)]}{k} \cdot \frac{k}{h}$$

$$= \frac{u[v(x_0 + h)] - u[v(x_0)]}{k} \cdot \frac{v(x_0 + h) - v(x_0)}{h} \qquad k \neq 0, \; h \neq 0$$

Diese Bedingungen $k \neq 0$, $h \neq 0$ sind bei einer streng monoton steigenden bzw. streng monoton fallenden Funktion *v* stets erfüllt (Abb. 2).

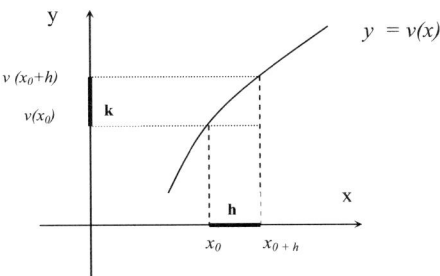

Abb. 2: Streng monotone Funktion

Setze $v(x_0) = z$ und $v(x_0 + h) = z + k$:

$$= \frac{u(z + k) - u(z)}{k} \cdot \frac{v(x_0 + h) - v(x_0)}{h}.$$

Für die Ableitung *f'(x)* gilt der Differentialquotient:

$$f'(x) = \lim_{h \to 0} \frac{f(x_o + h) - f(x_0)}{h}$$

$$f'(x) = \lim_{h \to 0} \left(\frac{u(z + k) - u(z)}{k} \cdot \frac{v(x_0 + h) - v(x_0)}{h} \right)$$

$$= \lim_{h \to 0} \left(\frac{u(z+k) - u(z)}{k} \right) \cdot \lim_{h \to 0} \left(\frac{v(x_0 + h) - v(x_0)}{h} \right)$$

Diese Umformung ist nur richtig, wenn beide Grenzwerte existieren. Auf Grund der Voraussetzung, dass die Funktion v an der Stelle x_o differenzierbar sei, existiert der zweite Grenzwert; es gilt:

$$\lim_{h \to 0} \frac{v(x_0 + h) - v(x_0)}{h} = v'(x_0)$$

Da jede an der Stelle x_o differenzierbare Funktion auch stetig ist, gilt:

$$\lim_{h \to 0} [v(x_0 + h) - v(x_0)] = \lim_{h \to 0} k = 0$$

Daraus folgt, dass die Bedingung $h \to 0$ durch die Bedingung $k \to 0$ ersetzt werden kann. Daher gilt auch der erste Grenzwert:

$$\lim_{k \to 0} \left(\frac{u(z+k) - u(z)}{k} \right) = u'(z)$$

$$f'(x_0) = u'(z) \cdot v'(x_0)$$

Setze $z = v(x_0)$. Daraus folgt:

$$f'(x_0) = u'[v(x_0)] \cdot v'(x_0), \quad q.e.d.$$

[ScSc00] Schmid, August; Schweizer, Wilhelm: Lambacher Schweizer Mathematik: Analysis, Leistungskurs, Gesamtausgabe. 1. Auflage. 1990. Ernst Klett Verlag GmbH, Stuttgart. Seite 169.

[CoFoKu77] Corbach, Walter; Fock, Hans-Joachim; Kuypers, Wilhelm; u.a.: Mathematik für Gymnasien: Oberstufe, Analysis I. 1. Auflage. 1977. Druck Express – Druckerei Düsseldorf. S. 189f.

[LeConVö78] Leupold, Dr.-Ing. W.; Conrad, R.; Völkel, Dr. S.; u.a.: Analysis für Ingenieure. 13.Auflage. 1978. Verlag Harri Deutsch, Thun und Frankfurt/Main. Seite 162f.

[GrPo10] Griesel, Prof. Dr. Heinz; Postel, Prof. Helmut; u.a.: Elemente der Mathematik: Leistungskurs Analysis. 2010.Schroedel Verlag GmbH, Hannover. S. 40f.